现代·实用·温馨家居设计

娟　子　编著

中国建筑工业出版社

图书在版编目（CIP）数据

卧室/娟子编著.—北京：中国建筑工业出版社，2011.12
（现代·实用·温馨家居设计）
ISBN 978-7-112-13773-2

Ⅰ.①卧… Ⅱ.①娟… Ⅲ.①卧室–室内装修–建筑设计–图集 Ⅳ.①TU767-64

中国版本图书馆CIP数据核字（2011）第231055号

责任编辑：陈小力 李东禧
责任校对：肖 剑 关 健

现代·实用·温馨家居设计
卧室
娟 子 编著
*
中国建筑工业出版社出版、发行（北京西郊百万庄）
各地新华书店、建筑书店经销
北京嘉泰利德公司制版
北京盛通印刷股份有限公司印刷
*
开本：880×1230毫米 1/16 印张：4¼ 字数：132千字
2012年5月第一版 2012年5月第一次印刷
定价：23.00元
ISBN 978-7-112-13773-2
（21554）

版权所有 翻印必究
如有印装质量问题，可寄本社退换
（邮政编码 100037）

前 言

　　傍晚，完成了一天的工作，迅速逃离喧杂浮华的都市，伴着昏夜回到了宁静的家中。感叹便捷快速的交通，让我们有机会在短暂的时间里穿梭于两种迥然不同的环境。家的清澈能带给我心灵的安慰，因为它不知道承载了多少的记忆，模糊地明白，"家"装着我所谓的花季、雨季，有的喜、有的悲、有的让人啼笑皆非，不能轻易地放下，因此，"家"承载着艰巨的任务。在这个季节，很多时候我宁愿选择在家中休息，而不愿在外面，我想很多朋友也会与我有着相似的选择。可是如何让家居在这个季节更加舒适和惬意呢？这也是《现代·实用·温馨家居设计》为大家解决问题的所在，将室内空间作为一个整体的系统进行规划设计，保证整体空间具有协调舒适的设计感。

　　生活是很简单的事情，我们不能用一种风格来束缚我们所要的生活方式，也不能完全拷贝某一种风格，因为每种风格都有自己的文化和历史渊源，每一个家庭也都有自己的生活方式、人生态度和理想。只有满足了人在家居生活中的使用功能这个前提下，然后再追求所谓的风格，这是空间设计的基本道理。

　　本书涵盖家庭装修的客厅餐厅、书房休闲区、玄关过道、卧室、厨房、卫生间空间设计，案例全部选自全国各地资深室内设计师最新设计创意图片，并结合其空间特点进行了点评和解析，旨在为读者提供参考，同时对家居内部空间进行详细的讲解和分析，指出在装饰设计上的风格并给出了造价、装饰材料等。书中还详细讲解和介绍了各种装饰材料、签订装修合同需要注意事项，以及家居装饰验收的技巧等。

目录

前言　03

卧室　05~64

秋季装修三种提示　65

冬季装修施工需注意　65

儿童房设计七大原则　65

墙皮脱落如何解决　66

壁纸为家添表情　66

巧置梳妆台区　67

如何选幅好的装饰画　68

致谢　68

卧室

01 生活家质朴的原木地板使人感受到大自然带来的泥土气息，床头背景墙上的柔然花纹壁纸更为这灵动而鲜活的空间染上一抹清新。

02 雅致的奢华是本案所要体现的一个重点，华丽却不张扬，内敛且含蓄，背景墙采用布艺软包工艺演绎着空间的别样风情。

03 将新古典与高贵融为一体，利用材质软装饰达到内敛的华贵气氛。床头菱形软包与顶面石膏板菱形造型相呼应，拼接式艾格木地板，白色床，黑胡桃木质板，自然而然地透露着贵族气息。

04 顶面设计视图与户型原结构线贯穿，使空间具有流畅、开阔、柔美的氛围。主体配以板式家具，体现出简洁大气。

01 典雅且庄重是本案的一大特点，以经典的北欧紫色帷幔窗帘及色彩斑斓的床上用品作为陪衬，表现出现代简欧风格的雅致。

02 卧室的软包及造型吊顶，既使墙面壁纸不失格调，又增加了空间的艺术气息；再加上简练时尚的水晶吊灯，衬托出整个空间的内在特质。

03 传统巴洛克水晶吊灯及马可波罗石材拼贴而成的地面，丝质面料搭配实木床，墙面土黄色壁纸与白色顶面墙漆及地砖让空间更有延伸感。

04 浓烈的色彩，大胆的配色，经典高雅的欧式实木床搭配丝质面料，和谐而工整，创造出一个温馨而烂漫的卧室环境。

05 本案为现代简约风格，整个空间色调贯穿米黄色主题，棕色衬托家居灯饰，搭配简练而贵气，木质床头背景墙增添了独特的风格。

06 粉色墙漆与粉色窗帘及床上用品以粉色为主，突出了整个空间居住的主人是8岁的小女孩。

07 卧室主题墙采用壁纸设计，加入现代的设计元素，采用对称的手法使其严谨而不失活力，墙面装饰油画，搭配碎花床上用品简洁而贵气。

08 25m²的卧室，造价30000元。路易世家家具，圣象木地板，博亮木门，欧丽雅壁纸，太平洋石膏线，多乐士墙漆等。

01 本案运用混搭的设计手法，融入了现代、欧式的设计元素，采用白色为主色调，局部配以深色的家具和软装，让空间层次丰富起来。

02 一个飘逸的空间，无论窗外是细雨纷飞，还是阳光灿烂，这里的每一细节都演绎着对生活的一种浪漫、唯美的追求。

03 20m² 的卧室，造价25000元。格莱美壁纸，梅克斯顿家具，宏耐木地板，轻钢龙骨石膏板，立邦墙漆等。

04 整体以米黄色为大基调的空间表现，加上原木色的深浅搭配，并且充分地考虑到通风和采光，高贵舒适不失时尚的装饰风格。

05 暖色调贯穿于整个空间,壁柜线条简洁,与床品同色系的地毯使宽敞的卧室显得温馨。

06 古典奢华的欧式风情弥漫于整个空间,床头拱形与软包背景墙菱形相对比,红胡桃色的木地板及丝质面料的床上用品,显出整个空间的尊贵与豪气。

07 深沉的色调,缭绕出美式古典雅致的氛围,米色壁纸的搭配使空间传达出明朗的视觉感受,华丽的风格沉重而不浮夸。

08 16m²的卧室,造价25000元。标致家具,欧神诺地砖,墙酷壁纸,森德暖气,芬琳墙漆,太平洋石膏线等。

01 现代时尚和古典美融入其中，演绎了现代古典主义之美。红色窗帘与米黄色的床上用品和谐统一，为居住融入了一种雅致的氛围。

02 "时尚"一直为年轻人所追逐，从"衣、食、行"到"住"向来如此。简单而柔和的颜色成为设计主导，采用墙贴点缀墙面，使整个空间活跃了起来。

03 欢快热烈的色彩搭配传递给儿童的是活泼却不张扬的空间表情，蓝色壁纸星星图案，使孩子联想到晚上天上的星星，从而充满活力。

04 轻快的色彩不足以表达空间的情感，唯美的床品、华美的竖条壁纸增添了一份雅致与华美。

05 玫瑰色的墙面漆把卧室的温馨尽情吐露，暖色调的床上用品一扫暗色家具的沉闷，为平淡的生活带来丝丝暖意。

06 混油花纹屏风透露出一丝神秘，配上一盆绿色植物。在角落不经意地放上些松软的靠枕，让整个卧室充满一种慵懒的小资情调。

07 16m²的卧室，造价20000元。春天木门，爱意瑞斯家具，欧人木地板，太平洋石膏线，都芳墙漆等。

08 为了营造一种静谧的氛围，卧室床上用品采用米黄色花纹，辅以米黄色的软包床靠，整个空间没有过多的装饰，整体感觉干净整洁、安静肃穆。

01 床背景的茶镜带来些神秘感，素雅的地毯搭配华贵的木地板则带来一种品位、一种与生俱来的高贵品质。

02 米色调使卧室显得柔和、安静，为了避免沉闷，局部黑底白花壁纸跳跃的重彩可以调剂平淡的生活。

03 14m² 的卧室，造价20000元。舒达家具，世友地板，墙酷壁纸，太平洋石膏线，都芳钻石墙漆。

04 床背景采用咖啡色墙漆，墙面上没有多余的装饰处理，挂着一幅玫瑰花画框，营造出舒适而又有点小资情调的空间。

05 黑白两色对比，具有强烈的视觉效果，黑白竖条床上用品好比钢琴上的黑白琴键，弹出了灵动的变奏曲，有助于舒缓神经。

06 纯净的白色床品深受现代风格的偏宠，自然元素的加入带来几分乡村的质朴。

07 20m²的卧室，造价18000元。多乐士墙漆，太平洋石膏线，斯普利家具，艾格木地板。

08 中色调和天然材质的完美搭配，棉质床品、羊毛毯子与床边的绒毛地毯给人温暖真实的质感；天然松木地板、实木家具与高雅的灰色组合，散发出怀旧情愫。

01 花叶图案是古典设计的最佳素材，壁纸采用绿底白叶的图案，清新悦目，在灯光的映照下，图案出奇立体，让人仿佛置身于一片花团锦簇之中。

02 选用明亮的土黄色墙纸图案和棕色木地板，冷暖色调的对比冲击视线，加上采光充足的大窗户，营造出舒心自在的空间。

03 具备收纳功能的可掀式床架，只要把床板掀起，床底下就可以放置许多东西，增加原本坪数不大、使用机能较低的卧室收纳空间。

04 古典风格的床具、线条、雕饰都充满十足的欧洲格调，同时还融入了现代家具的机能，尤其注重舒适感，典雅瑰丽、质感细腻的丝质布料成为匹配之选。

05 本案是采用壁纸、窗帘、床上用品的花纹和颜色构建空间的层次感，软包式床头的色彩灵活运用，把几种色彩元素巧妙地融合在一起，营造空间感。

06 黑白灰的经典搭配融入温暖的木色，诱发无限睡意。

07 25m² 的卧室，造价25000元。标致家具，瑞宝壁纸，圣象木地板，多乐士墙漆等。

08 散落在空间的碎花壁纸，仿佛一道流动的风景，造成视觉上的跳跃感。床头背景镜面上的花叶与整个卧室的色彩高度呼应，调和了空间色彩，也使温馨烂漫的氛围凸显出来。

01 深浅不一的紫色玫瑰花图案带出了卧室的清新，让人即使在睡眠时都可以"游走"在最浪漫的花园里。

02 协调的米色让空间温馨宜人，床头花纹壁纸与床上用品颜色统一，在三幅红色装饰画的衬托下显得格外清新自然。

03 12m² 的卧室，造价20000元。意风家具，tata木门，轻钢龙骨石膏板，立邦墙漆，卢森木地板等。

04 床头两边的墙体采用壁纸做装饰，当灯光亮起，倍感立体。床头的抽象画在空间里散发着清凉之意。

05 布艺作为软装饰在家具中独具魅力,柔化了家居空间里生硬的线条,赋予家居温馨的格调,清新自然、典雅华丽。

06 深浅不一的蓝色带出一室清凉,让人即使在睡眠时都可以"游走"在最浪漫的加勒比海岸。

07 16m² 的卧室,造价25000元。圣华家具,格莱美壁纸,圣象木地板,都芳钻石墙漆等。

08 浅色的卧室,淡雅怡人,没有过多的装饰,就像一幅宁静隽永的水墨画,让人获得心灵的深度放松。

01 小碎花图案是英式乡村风格的永恒主调，无论是床上用品、窗帘、壁纸还是相框、布艺台灯等，都在用一种简简单单的形式传达柔美的温馨气氛。

02 床头选用紫色布艺效果的软包与紫色窗帘相呼应，在床边台灯的照射下，产生渐变的光影效果。

03 18m^2的卧室，造价20000元。红苹果家具，卢森木地板，柔然壁纸，多乐士墙漆，太平洋石膏线等。

04 立体感强烈的挂画令空间有种延伸的感觉，人居其中，仿佛置身在茂密的森林，呼吸着自然的气息。

05 简约、时尚、个性是现代人所追求的风格，一套色彩协调的床上用品，一点小小的心思就会使整个房间充满浪漫气息。

06 棕色、红色、土黄色，再到棕色，暖色系颜色的变化层层叠叠，令人目不暇接。

07 18m²的卧室，造价22000元。百强家具，生活家木地板，布鲁斯特壁纸，都芳钻石墙漆等。

08 干练简洁的造型，搭配时尚，非常适合年轻人使用的空间。

01　多变的黄色系带来一种丰富的空间层次，精致的家具更让生活不断穿越和延伸着奢华的符号。

02　小碎花的墙纸使简洁的空间热闹起来，格形的床上用品与向日葵油画形成一种呼应，而灯具好似这种呼应的分界线。

03　14m^{2}的卧室，造价18000元。意风家具，偶伊朗木门，马可波罗地砖，格莱美壁纸等。

04　天蓝色的墙漆使整个空间清新自然，床头的抽象画在这个空间里别有一番风味。冷暖对比，简简单单，舒舒服服。

05 地毯有着柔软温暖的触感,给人休闲舒适的感受,自然极受欢迎,它很容易提升房间的空间感。

06 黄色像充满阳光,是最欢快的色彩,能提供足够亮度,带给人轻松舒适的感觉,它拥有蓬勃的生气和对生命的渴望。

07 20m² 的卧室,造价20000元。欧神诺地砖,意风家具,多乐士墙漆,轻钢龙骨石膏板等。

08 卧室的暗与灯光的亮形成一种鲜明的对比,其实卧室就是休息的场所,只要安安静静就可以了。

01 卧室的窗户采用木百叶作为窗帘,天然原木的叶片有着贴近自然、崇尚自然、回归自然之意。在半透不透之间,创造出迷人的视觉效果。

02 超高的空间、拔起的顶棚,使房间设计光线充沛,更显开阔,成为卧室的最大亮点。

03 卧室与起居室同在一个空间,升高的睡床在红色沙发的点缀下显得个性十足,床上用品采用不规则条纹的布料,让空间看上去更加开阔。

04 14m²的卧室,造价14000元。意风家具,依诺地砖,多乐士墙漆,tata木门等。

05 卧室床头挂装饰画，墙面采用壁纸设计，辅以肉色布幔窗帘，凸显高贵柔情，丝绸床上用品更显得华贵而高丽。

06 古典欧式家具白色烤漆处理，保持了原有经典形态。

07 20m² 的卧室，造价25000元。标致家具，朗饰壁纸，轻钢龙骨石膏板，红胡桃饰面板，LD地砖，都芳钻石墙漆等。

08 干练简洁的造型搭配时尚灰，非常适合年轻人使用的空间。

01 个性主义和天然材质与斜顶激情碰撞，温馨自然的魔力在空间油然而生。

02 散落在空间里的蓝白格窗帘，仿佛一道飘逸的风景，造成视觉上的跳跃感，墙上的柚木装饰与衣柜同一颜色，整个空间的颜色和谐统一。

03 20m² 的卧室，造价25000元。红苹果家具，柚木装饰墙，轻钢龙骨石膏板，多乐士墙漆，艾格木地板等。

04 睡眠是人们卧室的主要活动，硬皮面背景墙在床头上方设置嵌灯，因此可以通过床头灯，可调式立灯或壁灯作照明。

05 浅色调是现代风格的偏宠，通常以白色为主，深色或木色穿插其中，以协调空间的整体色彩、彰显人性化气息。

06 以简洁大气为特色，可以适当地采用油画、浮雕作为装饰。体现现代生活情趣，选用的板式家具造型简约，与整体氛围和谐。

07 18m²的卧室，造价20000元。威尼斯家具，安信木地板，偶斯诺壁纸，轻钢龙骨石膏板吊顶，多乐士墙漆等。

08 崇尚简约、简洁、新颖、实用，富有人性化和现代感的现代风格是目前最受欢迎的居室空间风格。主要体现在造型、色调、主背景墙、家具以及摆设装饰上。

01 在卧室中,首先是让身心都感到充分的舒适,生活的随心所欲需要的是抛开所有喧嚣和烦恼。在这里要的只是放开身心,享受最优质的睡眠。

02 胡桃木制作的卧室家具,造型简洁而含蓄、色调纯正而不单调、质感朴实而不沉闷、格调高贵而不炫耀……营造出沉稳、内敛、优雅的睡眠环境。

03 20m² 的卧室,造价25000元。斯普丽家具,红胡桃屏风,大自然木地板,轻钢龙骨石膏板,多乐士墙漆等。

04 简约素雅的浅色系卧室,淡雅怡人,没有过多的装饰,就像一幅韵味悠悠的水墨画,达到让人身心放松的效果。

05 和谐融洽的浅色调搭配少许厚重沉稳的深色，加上背景墙上的木质纹理，让卧室空间平和中透着雅致。

06 米黄色的墙，地板与白色条纹的床品，营造出一个素雅的空间，体现出经典的西方成熟风格。床头的一整面墙体选用暗纹黄色软包，质感丰富。

07 18m²的卧室，造价18000元。宜家家具，轻钢龙骨石膏板吊顶，多乐士墙漆，北美枫情木地板等。

08 在人的各种视觉要素中，色彩属于敏感且最富表现力的要素，能造成强烈的视觉效果。

01 把卧室相邻的阳台非承重墙体打掉，将阳台改造成一个用于休闲的阳光房，让整个空间连成一体，并用透亮的玻璃将自然光线引入卧室拓展空间。

02 色彩作为卧室装修风格的表现者之一，实用、直观而廉价，不仅感染人的情绪而且能引起人们意味深长的联想，激起强烈的心理共鸣，并代表着主人情感的宣泄或流露。

03 20m² 的卧室，造价20000元。墙酷壁纸，强力家具，卢森木地板，轻钢龙骨石膏板，德国都芳钻石漆等。

04 咖啡色调带出一份微暖的感觉，而卫浴室则选用冷色调的马赛克，清凉的意味呼之欲出。

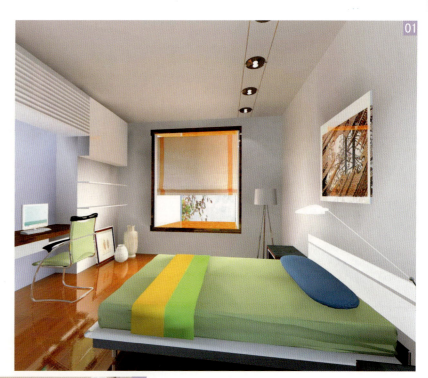

05 光线充沛的卧室，古铜色的窗纱衬着床头的布包软墙，顶棚上精致的筒灯就像满天星，白色的床上用品令人心境变得无比澄清。

06 18m² 的卧室，造价22000元。标致家具，轻钢龙骨石膏板吊顶，多乐士墙漆，生活家木地板等。

07 没有过多的装饰，但却能让人感到一种华丽的温暖。原木色的家具有种亲近自然的感觉。

08 床头以茶镜打破白色墙面的单调，也为空间增添了中国文化的味道，丝滑细腻的缎质床上用品有助睡眠，花纹羊绒地毯缔造出温暖舒适的感觉。

01 不同花色的靠垫犹如一张张画卷慢慢地展开，一一呈现。为了缓和木色的沉闷，在床品的选择上以白色为主。

02 抽象速写装饰画以一种强势展现出自身的魅力，没有出彩的装饰，简简单单才是生活的真谛。

03 14m² 的卧室，造价20000元。意风家具，瑞宝壁纸，轻钢龙骨石膏板，多乐士墙漆，大自然木地板等。

04 大面积的镜面处理满足了女性爱美之心，极简的家具与背景的繁复形成一种强烈的对比。品位、质量、情趣，所有的一切均融化在这空间里。

05 没有张扬的色彩，棕黄的色调沉静大方。装饰画、摆设以一种刚毅的形态雕塑着空间，带来一种知性的空间氛围。

06 床头背景墙给人以"浓情巧克力"般的感觉，让人回味无穷。

07 15m² 的卧室，造价18000元。红苹果家具，多乐士墙漆，安心木地板，轻钢龙骨石膏板吊顶等。

08 精致的不锈钢床头灯，以一种现代科技的美感展现在这个时尚的卧室空间里。

01 极简的家具与交错的背景形成一种鲜明的对比，现代与中式在这里强烈地冲撞着。

02 高大的床背被放大为卧室的背景，羞答答玫瑰颜色的床上用品在房间一角悄悄绽放。

03 深灰色的装饰墙凹凸有致，整齐的线条干净利落，蕴含着一种男性的阳刚气息。同一色系的深浅变化，家具形态的协调一致，感觉简单而又舒服。

04 20m² 的卧室，造价30000元。定制日式家居，格莱美壁纸，卢森木地板，柚木花格，多乐士墙漆灯。

05 22m² 的卧室，造价26000元。百强家具，轻钢龙骨石膏板，黑胡桃装饰板，柔然壁纸，立邦金牌净味抗甲醛墙漆等。

06 卧室照明要有利于构成宁静、温柔的气氛，使人有一种安全感。主题照明可选用乳白色白炽吊灯安装在卧室中间，床头距地1.8m的高度安装一盏壁灯。

07 简约、时尚、有个性是现代人喜爱的风格。一套色彩协调的床上用品，一幅简简单单几笔的墙贴，就会使整个卧室充满浪漫的气息。

08 格子系列床上用品总是与怀旧的情愫联系在一起，在同一个室内空间最好不要用两种以上色泽抢眼的格子布，否则会显得杂乱且俗气。

01 为了良好的睡眠应避免在床头放置嵌灯，可以选用立灯壁灯做照明。

02 除了间接照明外，其余灯光的不足必须依靠台灯光源，同时也可创造卧室空间的层次感。

03 16m² 的卧室，造价20000元。斯普丽家具，瑞宝壁纸，圣象木地板。轻钢龙骨石膏板吊顶，都芳钻石漆等。

04 地面采用感觉温暖的地毯及木地板点明空间属性，床头的背景墙采用轻钢龙骨石膏板造型设计，里面贴壁纸，凸显高贵柔情。

05 卧室的整体格调有种怀旧的气氛，让我们回忆起童年的生活。沙发靠背似的床，营造出舒适而又有点小资情调的空间。

06 同一色系的深浅变化，家具形态协调一致。衣柜门采用装饰墙处理，减少了些许笨重，增加了轻灵的感觉，缓解了深木色的压迫感。

07 20m² 的卧室，造价22000元。东方百盛家具，墙酷壁纸，tata木门，生活家木地板，轻钢龙骨石膏板，都芳钻石墙漆。

08 卧室的整体基调是白色，其他的装饰不宜太过花哨，以免喧宾夺主。

01 在房间狭窄的情况下，床头靠墙，床的一侧靠墙，另一侧应与墙至少保留10cm的距离，换洗床上用品会比较方便。床边摆床头柜，这是卧室最基本的摆法。

02 在卧室中什么都不能取代"舒适"的地位，就寝室空间，首要的是让身心都感到充分的舒坦。

03 25m²的卧室，造价25000元。耐特尔家具，红胡桃木线，太平洋石膏线，墙酷壁纸，花纹地毯，多乐士墙漆等。

04 要生活得随心所欲就要抛开所有的烦恼和喧嚣，在这里，你所要的只是放开身心，享受最优质的睡眠。

05 木质大床、木质地板、木质屏风和木质桌椅构成了这间沉稳的中式卧房的主体。

06 柚木制作的卧室家具造型简洁而含蓄，色调纯正而不单调，质感朴实而不沉闷，格调高贵而不炫耀……塑造出沉稳、内敛、幽雅的睡眠环境。

07 15m² 的卧室，造价15000元。意风家具，挂毯，轻钢龙骨石膏板，北美枫情地板，多乐士墙漆等。

08 床头油画和窗外景色尽收眼中，配合灯光的光影绰约，渲染了让人迷醉的朦胧氛围，韵味悠长。

01 灰色调的卧室弥漫着优雅知性，咖啡色地毯温暖柔软，床上方采用隐藏式灯光设计，为空间增添几许浪漫氛围。

02 棕色、红色，再到棕色，暖色系的变化层层叠叠，让人目不暇接。

03 16m^2的卧室，造价16000元。宜家家具，石膏板造型背景墙，圣象木地板，tata木门，多乐士墙漆等。

04 精致的不锈钢台灯，以一种现代科技美感展现在这个时尚的卧室空间里。

05 层次向上收缩的吊顶有拔高的气势,随之搭配的反光灯带则拉低了空间,相辅相成,让空间合理存在。

06 本案是采用蓝色墙体来构建空间的层次感,四扇活动推拉门也注意了色彩的灵活运用,无论是床还是装饰画,几种色彩元素都被巧妙地融合在一起。

07 15m² 的卧室,造价18000元。标致家具,轻钢龙骨石膏板,多乐士墙漆等。

08 白色的顶棚、米黄色的壁纸是空间的大背景,奔放的土黄色床上用品和靠垫冲破素色而出,牢牢抓住了眼球。

01 作为点缀的黑胡桃饰面板，衬托出亮丽的红、白色，提升了空间品位，特意的错位制造了丰盈的层次感。

02 在视觉要素中，色彩属于敏感、最富表现力的元素，能制造出强烈的视觉效果。

03 14m² 的卧室，造价15000元。意风家具，轻钢龙骨石膏板，多乐士墙漆等。

04 L形飘窗，咖啡色窗帘，布局简单、整齐，与暖色的就寝空间采用了对比非常强烈的色调，成为整个卧室的亮点。

05 宝石色布艺的运用令卧室焕发了光彩，线条优美的床与旁边的休闲椅组成完美搭配，吊顶造型优雅，灯光照在顶壁上形成有趣的光影效果。

06 沙发上面的中式花格装饰打破了白色墙面的单调，也为空间增添了中国味道。丝滑细腻的缎质床上用品有助睡眠。

07 16m² 的卧室，造价16000元。爱意瑞斯家具，轻钢龙骨石膏板造型吊顶，都芳钻石墙漆等。

08 卧室色彩一般以家具、墙面、地面的色彩为主调，暗红色的家具漆处理令空间高档、大气。

01 卧室浅亮的色调能使空间更具开阔感，使房间显得更为宽敞；暗深的色彩则容易使空间显得紧凑，给人一种温暖舒适的感觉。

02 暖色调可以补偿室内光线的不足，因而可以用在朝北或光线不足的阴冷房间里。

03 冷色空间卧室能带给人一种清新凉爽的感觉，对同一空间既运用冷色也运用暖色进行色彩搭配时要注意色彩比例的协调，才不至于显得杂乱无章。

04 18m^2的卧室，造价20000元。宜家家具，柔然壁纸，轻钢龙骨石膏板造型吊顶，都芳钻石墙漆等。

05 暖色调的床上用品一扫暗色地板、木门的沉闷，为平淡的生活带来一丝暖意。

06 橘黄色的窗帘透出一丝神秘，配上米黄色的大理石台面，不经意地在角落处放上些松软的靠枕，让整个卧室充满了一种慵懒的小资情调。

07 25m²的卧室，造价22000元。标致家具，德国卢森木地板，轻钢龙骨石膏板造型吊顶，多乐士墙漆等。

08 冬日，坐在飘窗上，享受午后的阳光，何等的惬意。

01 黑胡桃木色家具与白色床上用品的反差,形成一种强烈的视觉冲击力,暗红色的家具处理令空间高档、大气。

02 16m² 的卧室,造价20000元。斯普丽家具,石膏板造型装饰墙,红胡桃饰面,多乐士墙漆等。

03 木质的雪橇床配上丝绸的床上用品,在卧室中营造出一静一动、一刚一柔的效果。

04 卧室的暗与户外阳台的亮形成一种鲜明的对比,其实卧室就是休息的场所,只要安安静静就可以了。

05 卧室的设计要考虑宁静稳重或是浪漫舒适的情调,创造一个完全属于个人的舒适环境,追求的是功能、形式的完美统一及优雅独特、简洁明快的设计风格。

06 床头的背景墙可以更多地运用点、线、面等要素,使造型和谐统一又富于变化。

07 18m²的卧室,造价18000元。意风家具,多乐士墙漆,马赛克等。

08 床头背景墙造型和谐统一,皮料细滑,壁布柔软,榉木细腻,松木返璞归真,防水板时尚现代。

01 卧室的家具不宜过多，必备的家具有床、床头柜、衣柜、低柜、梳妆台。

02 地毯有着温暖柔软的足底触感，因其带给人的休闲舒适的感受而极受欢迎，它容易提升房间的空间感，还可以与室内的窗帘、墙面、沙发产生互补作用。

03 14m² 的卧室，造价16000元。宜家家具，轻钢龙骨石膏板吊顶，立邦金牌净味抗甲醛墙漆，柔然壁纸等。

04 纯净的绿色床品深受现代风格的偏宠，自然元素的加入带来几分乡村清新质朴。

05 绿色不仅有利于保护孩子的眼睛，更代表着万物复苏、生机勃勃；绿色象征着自然界的动物与植物，有助于培养孩子保护环境、节约资源的生活习惯。

06 色彩作为卧室装修风格的表现者之一，实用、直观而且廉价，不仅能调动人的情感，而且能引发人们的联想。

07 16m² 的卧室，造价16000元。宜家家具，圣象木地板，混油饰面，多乐士墙漆等。

08 整体空间以暖色调为主，大量运用白橡木和各种布料材质来营造一种温馨典雅的气质。

01 墙面与地面的和谐统一，为居住者营造一种雅致的生活，感受到一种思念的等待。

02 和谐融洽的浅色调搭配几许厚重沉稳的深色，加上背景墙的花格，让卧室空间平和中透着雅致。

03 20m² 的卧室，造价20000元。土黄色地毯，轻钢龙骨石膏板造型吊顶，瑞宝壁纸等。

04 整个房间的主色调是灰色，用了不同的装饰材料，但色调不变。卧室的辅助光源较多，透明玻璃可以让整个空间看起来宽敞些。

05 床头背景墙的挂毯上立体的人物，点染出空间的素净。

06 没有华贵的摆设，也没有绚丽的色彩，淡绿色的玻璃色调，雅致而温馨，与木地板的沉稳完美地搭配在一起，营造出一个舒适的居住环境。

07 $14m^2$的卧室，造价15000元。宜家家具，轻钢龙骨石膏板造型，多乐士墙漆，大自然木地板等。

08 卧室相对来说较宽敞，阳光从户外洒入，映落在白色床单上，随意舒适之感随即而来。

01 床头、墙角、窗台都是能够大做文章的地方，不放过每一个可以安排的小小空间，是为了整个屋子的视线开阔。

02 明朗的色彩可以从视觉上扩展房间的面积，缓解卧室中各类家具在体积上对有限空间的压力。

03 16m^2的卧室，造价20000元。意风家具，马可波罗地砖，多乐士墙漆，tata木门等。

04 采光良好的房间令人愉快、轻松，从而提升卧室的居住品质。

05 各式灯具皆具其功能性，卧室就要使用不觉得刺眼的灯具来创造温馨感受。了解空间属性，搭配各式灯具，还可让灯具的寿命更长久。

06 睡眠是人在卧室的主要活动，应避免在床头设置嵌灯，可以通过床头灯、可调式立灯、壁灯照明。

07 25m²的卧室，造价25000元。马可波罗地砖，轻钢龙骨石膏板吊顶，都芳钻石墙漆等。

08 现代感和时尚感极强的工艺品、装饰画等是装饰首选。一些极具动感和简约气息的油画作品都是现代风格卧室的最佳点缀。

01 全白的效果能有效扩大空间感，与各种色调都能和谐搭配。点缀各种强调色是现代装饰中常用手法。

02 比朱红暗一些的枣红色除具有红色的底蕴之外，沉稳、雍容则更胜一筹。

03 15m² 的卧室，造价15000元。百强家具，北美枫情地板，轻钢龙骨石膏板造型吊顶，都芳钻石墙漆等。

04 灰色调的卧室弥漫着儒雅和知性，白色的床品暖意融融，咖啡色麻质床温暖柔和，床上方采用吊灯设计，为空间增添了几许浪漫气息。

05 本案利用茶镜相对较弱的反射特性来虚化界面，令空间虚实相生。床头的茶镜将室内外的景象尽收其间，配合灯光绰约的光影，渲染让人迷醉的朦胧氛围，韵味悠长。

06 床上采用隐藏式灯光设计，为空间增添了几许浪漫氛围。

07 14m² 的卧室，造价15000元。圣象木地板，意风家具，轻钢龙骨石膏板吊顶，多乐士墙漆等。

08 和谐融洽的浅色调搭配些许厚重沉稳的深色，配上背景墙上的装饰画，让卧室空间平和中透着雅致。

01 纯白色的墙将主人的梦想延续，床前面那个床榻与地毯都是主人亲自从家具市场精心挑选来的。

02 散落在空间里的紫色，仿佛一道流动的风景，造成视觉上的跳跃感。

03 18m²的卧室，造价18000元。欧人地板、轻钢龙骨石膏板造型吊顶，多乐士墙漆。

04 梳妆台上的台灯打造浪漫气质，床头横条纹的紫色背景墙调和了空间色彩，也使温馨浪漫的氛围凸显。

05 整个卧室从整体色彩、造型搭配上都体现了主人极高的艺术品位，华美典雅中带给人更多的是艺术上的感染力。

06 本案空间氛围构思巧妙，多种光照效果，加之壁柜材质的陪衬，更显空间的奇妙。

07 25m^2的卧室，造价20000元。意风家具，欧宝地板，柔然壁纸，轻钢龙骨石膏板，多乐士墙漆等。

08 本案的家居空间造型设计以白色为主，其他色彩为辅。为避免因白色过多而产生的冷硬感，选用了深色的木地板。

01 自然清新的壁纸装饰塑造了本居室简练的装饰风格，几幅抽象的装饰挂画，豹纹的床上用品，活跃了空间气氛。

02 蓝色的双人床和木纹的床头柜正好占满背景墙的一面，不仅美观实用，也有效地利用了空间，同时，台灯为室内增加了优雅的气氛。

03 18m² 的卧室，造价18000元。标致家具，布鲁斯特壁纸，大自然木地板，多乐士墙漆，tata木门，软包等。

04 本案设计秉承古典、时尚的设计精髓，侧重于整体视线的扩张和不同手法的造型变化，打造出都市中少有的贵族气质与流行风尚。

05 红色永远是中式风格的主旋律，与古色古香的饰品相得益彰。在这样一个家中，你能感受到深厚的中式文化底蕴所孕育出的居室氛围。

06 中式风格的居室，古木色的家具，营造出一派祥和的居室氛围。房间的文化内涵在不经意间得以体现，卧室整体感觉自然和谐。

07 16m² 的卧室，造价18000元。标致家具，轻钢龙骨石膏板造型吊顶，黑胡桃花格，欧宝木地板，都芳钻石墙漆等。

08 本案设计将吊顶、墙壁、地板都大胆地应用了形式各样的图案来装饰，灵活多样的表现手法使居室变得丰富多彩，同时充满一种明快而富有韵律的现代节奏感。

01 玫红色的窗帘、床上饰品、孔雀开屏式背景墙、墙面的壁纸处理等，更增添了室内的美感。

02 本案设计将欧式传统元素融合到现代居室设计中，打造了一间极具古典风情的现代居室。

03 18m²的卧室，造价20000元。百强家具，柔然壁纸，太平洋石膏线，圣象木地板，石膏板造型吊顶，都芳墙漆等。

04 喜鹊梅花壁纸为卧室增添了灵性和雅致，几件古式装饰背景，将古香古色的文化底蕴诠释得淋漓尽致。

05 床头上若配上一幅主人喜欢的挂画或者自己的艺术画作，是个不错的选择，既陶冶了情操，也为卧室增添了一份独特的韵味。

06 缤纷色彩的组合，营造了丰富的个性生活空间。淡雅的米黄色壁纸和印花布艺让室内尽显温馨浪漫。

07 14m^2的卧室，造价16000元。宜家家具，墙酷壁纸，瑞士卢森木地板，多乐士墙漆等。

08 华美的顶灯、黄色暗藏灯槽、带有白色丝织品的纱帘、枫木家具等，经过设计师的妙手搭配后，一处别具特色的卧室空间就展现到我们面前。

01 绿色植物结合个性时尚的现代装饰语言，赋予居室全新的面貌，实现了真正意义上"将自然带回家"的概念。

02 18m^2的卧室，造价18000元。斯普丽家具，轻钢龙骨石膏板造型吊顶，北美枫情木地板，软包，都芳钻石墙漆等。

03 设计从房间的构造特点、采光性能、材料选购，以及质地等多方面来权衡利弊，打造出奢华、大气的居室空间。

04 浅米色的墙面，白棕色家具搭配深色木地板，烘托出温馨而又不失华美的室内氛围。

05 本案采用中式花格屏风作为背景装饰，既丰富了视觉感受，又赋予了空间传统文化的内涵。同时结合古朴的木质装饰使居室充满了淡淡的古色古香的味道。

06 简洁宽敞的现代居室，让主人心情彻底放松的同时可以感受到更为广阔的想象空间。

07 18m² 的卧室，造价20000元。耐特利尔家具，生活家木地板，布鲁斯特壁纸，多乐士墙漆等。

08 紫色墙漆给人以很强的视觉感染力，床铺上选用的白色床上用品呼应了墙面设计风格，更扩大了空间视觉范围。

01 追求简约的现代风格卧室，素雅的蓝色墙面，红黄蓝色的窗帘与红黄蓝色的床上用品，都很好地诠释了现代居室风格美的另一种特色。

02 卧室的色彩在空间的搭配上是一门独到的学问，不同的色彩组合，对人的欢喜、兴奋、烦躁、忧郁、沉闷等心情变化都有直接影响。

03 18m² 的卧室，造价18000元。标致家具，圣象木地板，都芳钻石墙漆，轻钢龙骨石膏板造型吊顶等。

04 本案设计以地面的木质地板作为基调，围绕这一基调添加少量色彩，让空间显得整洁统一，丰富而舒畅。

05 风格可以从简，舒适却不能从简，细节处的搭配装点使家的氛围更浓，同时也满足了主人对舒适生活的追求。

06 吊顶的特殊造型与典雅的木质家具为室内增添了一片亮色，大小不一的装饰画则让家的气氛更加轻松惬意。

07 个性时尚的台灯为房间增添了一道亮丽的风景，床头背景墙采用木地板上墙装饰，为室内营造出不同寻常的个性化语言。

08 14m²的卧室，造价16000元。宜家家具，北美枫情木地板，多乐士墙漆等。

01 本案设计以中式为主要表现风格，很多中式元素运用到居室的每个角落。床头木质花格装饰与中式衣柜，是古典与现代的碰撞，打造出与众不同的生活方式。

02 麻灰色的被毯自然沿床四周垂下，随意而摆设的靠垫增加了室内的舒适感。

03 12m² 的卧室，造价18000元。宜家家具，桑拿板吊顶，欧宝木地板，都芳钻石墙漆等。

04 烂漫温馨的花纹壁纸，高贵典雅的家具、饰品，如精灵般点化着空间，让房间的风格自由地游走于现代与古典之间，演绎了当代的缤纷风情。

05 吊顶的特殊造型与典雅的木质家具为室内增添了一片亮色，螺旋状花纹布艺、地毯大小不一的装饰挂画，则让家的气氛更加轻松惬意。

秋季装修三种提示

秋天是家装的旺季,秋季气候干燥,木质板材不易返湿,涂料易干,但专家指出,秋季装修应注意保湿。

1.注意保湿

首先避免把木材放在通风处。秋季气候干燥,木材运至装修现场后,要避免放在通风口处,并且要在表面尽快作封油处理,因为这时木材的含水率与外界气候适应。如果把木材放在风口处风干,木材内的水分会迅速失去,表面干裂,出现细小裂纹。所以,对于高档饰面板榉木、用做收边的木线要作封油处理。木材在加工完后,也要尽快将表面封油,如果木线内的水分丢失,会出现收缩,还可能影响到饰面板外观。

2.壁纸自然阴干

壁纸应自然阴干。现在家庭装修墙壁,大多是刷涂料或贴壁纸。秋季气候干燥,壁纸在铺贴前一般要放在水中浸透,然后再刷胶铺贴。如果这时大开门窗,让刚铺贴好的壁纸被"穿堂风"吹干,壁纸会因为迅速失水,发生收缩而变形的现象。

3.对房屋出现的季节性问题不要急于修补

夏季空气湿度大,墙、地面和木质家具中所含的水分都比较大。进入秋季,空气逐渐变得干燥,这时可能会因季节变换气温湿度不同而出现一些问题,如木地板收缩,板与板之间缝隙加大,墙面与门框因属于种类不同的材质,收缩率不同,所以也可能出现缝隙,这些都属于正常现象。对于墙面出现的季节性开裂,不要急于马上修补。墙体开裂,说明墙体内的水分正在逐渐挥发,如果这时修补好了,等水分继续挥发时,墙面仍有可能继续开裂。应等到墙内水分与外界气候适宜时,再让装修公司进行一次性的修补。

冬季装修施工需注意

我国地域辽阔,南、北气候和季节差异很大,对各行各业都有一定的影响,建筑行业也不会例外。对建筑行业影响较大的季节是北方的冬季和南方的梅雨季,建筑业称之为"冬期"和"雨期"。"冬期"即是采暖期。虽然季节对建筑施工影响很大,但各工种如:瓦、木、水、电、油等都有许多特殊的方法来消除季节影响。在家庭装修中,由于冬季气温低、多风沙,所以家庭装修施工要格外在意。

居室装修虽然属于建筑行业,也包括瓦、木、水、电、油等常规工种,但几乎全在室内进行,且北方的冬季皆有供暖,因此,居室装修没有必要避开"采暖期"。由于季节的特殊性,在采暖期施工应做到以下几点:

1. 装修中所用的主材,尤其是木材,应提前备齐,最好在有采暖设备的室内放置3~5天,以挥发掉由于温度变化而结出的水分。这样做是让木材的含水率接近屋内的水平,以免装修后出现形变。

2. 瓦工用的砂子应仔细过筛,不得含有冰块,搅拌砂浆时,水的温度不得超过80℃。如果装修中有要用水泥的瓦工活,则最好不要在露天施工,工地也要注意保温。

3. 油工在喷刷各种涂料时,应严格按照产品说明中的温度施涂。一般情况下,涂料施涂的环境温度不宜低于5℃;其中,常用的混色涂料施涂时环境温度应在0℃以上,清漆施涂时的环境温度则不得低于8℃。因此,冬季装修施工要注意紧闭门窗,保证室内气温至少不低于5℃。尤其是油工活更要注意"保暖",在充分干燥后再敞开门窗通风。另外,北京的冬季多风沙,注意不要让沙粒落在未干燥的油漆表面。

总的来说,居室装修受季节影响不是很大,各工种都有其施工时的标准和环境要求,无论哪个季节都需要严格按要求施工,最大限度地减少施工质量问题。

儿童房设计七大原则

提早让孩子独立,让他们拥有自己的空间,可以培养孩子的自主性,激发他们的潜能。因此,一个舒适的、度身定做的儿童房,是父母给孩子的最好礼物。儿童房的设计可以多姿多彩,但有以下几个原则:

1.共同参与规划

由于每个小孩的个性、喜好有所不同,因此,对房间的摆设要求也会各有差异,父母亲不妨与孩子多聊聊,了解其喜好与需求，并让孩子共同参与设计、布置自己的房间。

2.充足的照明
合适且充足的照明，能让房间温暖、有安全感，有助于消除孩童独处时的恐惧感。

3.柔软、自然的材料
由于儿童的好动，所以在儿童房空间的选材上，以柔软、自然的材料为佳，如地毯、原木、壁布或塑料等。这些耐用、容易修复、非高价的材料，可营造舒适的睡卧环境，也令家长没有安全上的忧虑。

4.明亮、活泼的色调
儿童房的居室或家具色调，最好以明亮、轻松、愉悦为选择方向，色泽上不妨多点对比色。

5.可随时重新摆设
设计巧妙的儿童房，应该考虑到孩子们可随时重新调整摆设，空间属性应是多功能且具多变性的。家具不妨选择易移动、组合性高的，方便他们随时重新调整空间。家具的颜色、图案或小摆设的变化，有助于扩展孩子想象的空间。

6.安全性
安全性是孩童房设计时需考虑的重点之一。由于小朋友正处于活泼好动、好奇心强的阶段，容易发生意外，在设计时，需处处费心，如在窗户设护栏、家具尽量避免棱角的出现、采用圆弧收边等。材料也应采用无毒的安全建材为佳。家具、建材应挑选耐用的、承受破坏力强的、使用率高的。

7.预留展示空间
学龄前儿童喜欢在墙面随意涂鸦，可以在其活动区域，如墙面上挂一块白板或软木板，让孩子有一处可随性涂鸦、自由张贴的天地。孩子的美术作品或手工作品，也可利用展示板或在空间的一隅加个层板架放设，既满足孩子的成就感，也达到了趣味展示的作用。

墙皮脱落如何解决

刚装修好的居室，如果没住多久墙面就起皮、粉化、脱落，一定会给业主带来很多烦恼，会埋怨涂料不好，或者是施工工人干活马虎。可是也许您不知道，其实墙面起皮、粉化、脱落的根本原因不在于面层涂料及施工水平，关键在于施工时对基层是如何处理的。

对于旧墙面，应将原基层腻子、涂料铲除干净，有些房间墙面初装修使用的是821腻子，这种腻子很容易粉化、起皮、脱落，也要全部铲掉，重新进行基层处理。首先，要装修的墙面必须坚实、牢固、干燥（含水率小于10%）；其次，在重新批刮腻子之前，应涂刷一遍封底漆。封底漆能够改善基层墙面的酸碱度，提高基层强度并能使涂层与基层有更好的黏结力。选择封底漆时一定要选正规厂家的专用底漆，不要随便用一些胶水代替封底漆进行封底处理。

最重要的一步在最后，就是批刮腻子。涂刷乳胶漆前，需要批刮二遍腻子，腻子的选择也很重要，肯定不能使用821腻子，应该选择知名企业的耐水腻子，耐水腻子的白度高、耐水性好、黏结强度高，是建设部技术成果重点推广项目，使用后不起皮、不粉化、不脱落，能够彻底解决墙皮脱落的烦恼。

如此处理之后的墙面，再涂刷上合格的乳胶漆，您的家居生活一定没有后顾之忧。

壁纸为家添表情

在内墙涂料畅行天下的同时，壁纸也一直没有被忘记，如果对壁纸还停留在缀满大小花朵或死板斑点的记忆中，那一定落伍了。随着设计风格和材质的多样化，壁纸不断推陈出新，重新占据了部分家装市场，它本身已具备的设计含量是其他墙面装饰材料无法比拟的，每一款都包含着特有的气质，就像时装，它所装点的是家中墙面，丰富了家的表情。

1.壁纸在国外很普及
逛逛建材市场，会发现，如今人们重新关注了壁纸。面对许多样册，一心一意地挑选，真有点眼花缭乱的感觉。

询问销售人员关于品质的问题,却往往得不到详尽的答复,于是,关注是一回事,能否下决心使用又是另一回事。

据了解,壁纸在欧美家庭装修中非常普遍,广泛程度类似国内内墙涂料的使用情况。他们视其为可以充分发挥设想并且容易DIY(自己动手)的材料,他们对壁纸的了解非常透彻,包括品种、风格及施工操作程序。

2.不必怀疑壁纸的环保性

目前市场上的壁纸分进口和国产两种。进口壁纸主要以欧美及日本产品为主,只要是正规代理商,那么他们的壁纸环保性能一般是符合标准的。环保已是建材类产品理应具备的条件,而不是用来标榜优质或抬高价格的理由。

国产壁纸从工艺、花色到质量较几年前已有了很大的进步。当年评判壁纸优劣的方法之一是闻它的气味,胶臭味轻的较好些,如今国产壁纸大部分已摆脱了这种气味。

3.家庭宜选用胶面壁纸

壁纸的种类越来越多,此处只涉及常规类型,不包含可刷漆的墙纸、工艺墙纸等特殊品种。

常规壁纸中,最适宜用在家庭中的是胶面(PVC)壁纸,它结实、耐磨、易打理,并且具有很多种纹路花色可以选择,就是说,胶面壁纸是最"花哨"和"多变"的品种。除此以外,还有发泡胶面壁纸、纸面壁纸、布面壁纸、金属壁纸等。

4.壁纸的透气性

几年前,胶面壁纸曾被许多人抨击,其中一个原因是说它的透气性不好,其实,透气性应相对而论。

随着人们对室内空气污染的逐渐重视,建筑墙体材料中的氡气引起居住者的注意,它会慢慢散发到居室内。而封闭性较好的胶面壁纸可以阻挡氡气的散发,从这一点来讲,所谓"不透气"又恰恰成了优点。

5."你家的壁纸真漂亮"并不完全是夸赞

因为壁纸包含了色彩、图案、质地等鲜活的特征,所以在使用时更应注重居室环境的整体效果,不能太过突出,毕竟它是背景的一部分。一进门环顾,一句"你家的壁纸真漂亮"也许说明除了夸赞以外的另一面:壁纸与环境不和谐、不相融。

在决定壁纸的风格时,地面材料、家具、饰品、布艺和灯光的设计应同步,因此,整体统一设计显得尤为重要。

6.壁纸施工关键是耐心

家装施工队一般不提倡主人用壁纸,原因之一是壁纸的裱糊施工需要相当的耐心,一旦破损,不能重复使用,还得照原样赔偿。另外,壁纸贴得不好容易被察觉,瑕疵较涂料墙面明显。

但对使用者来说,如果选用壁纸,也不必太担心,要求施工人员耐心细致就可以,施工难度并不大。

壁纸的施工一般分为:①基层处理:刮腻子,找平;②防潮处理;③纸背刷胶;④裱糊。其中防潮环节处理一定要做好,否则壁纸易起鼓、吸潮、出斑痕;裱糊时接缝应严密,不要残留胶在表面上,刷胶要均匀,赶走气泡。

优良的壁纸工程应裱贴牢固,无空鼓、翘边、皱褶;色泽一致,无斑污、无毛边、无胶痕和压痕;图案端正,拼缝处图案花纹吻合,阴阳角处无接缝。

贴壁纸是营造居室氛围的有效手段,国外有这样的说法:心情不好剪剪头发,情绪不佳换换壁纸。

巧置梳妆台区

梳妆台摆放位置一般有三种选择:第一种是与床头柜连成一体;第二种是与橱柜连成一体,台面可以是橱柜的延伸,也可以夹在橱柜之间,是个节省空间的好办法;第三种是利用墙面夹角,镜面处理成沿立镜面两边各衔接一片翼镜,这种三面折镜不仅可以省去手拿小镜照侧面的麻烦,而且还可以使装上配件的翼镜随意开合,活动自如。

梳妆台的设计与造型,一般也可分为三大类,即豪华型、古典型、实用型。在选择时必须考虑与卧室内其他家具的风格和整间卧室的氛围协调,切不可"别具一格"。

布置梳妆区,还必须讲究光线。梳妆台的局部照明是不可缺少的,无论是自然采光还是人工采光,光线都应投射于人的脸部或身体,而不宜射在镜面上。光线不宜过分强烈,因为强光既会刺激眼睛,又不易在梳妆时做到"淡妆浓抹总相宜"。

如何选幅好的装饰画

选择装饰画对很多人来说是既容易又颇难的一件事,说容易是因为现在卖装饰画的地方很多,街边的小店、建材城里、百货商厦中随处都可买到装饰画;难的是面对琳琅满目的装饰画,不知选哪幅才是艺术、品位俱佳的,挂到家中是否和谐。

1.三类装饰画

目前市场上的装饰画主要有三类:一类是占主流的印刷品装饰画,一类是实物装裱装饰画,一类是手绘作品装饰画。其中手绘装饰画艺术价值很高,因而价格也昂贵,具有收藏价值,而那些缺乏艺术价值的手绘画现在已很少有人问津;实物性装饰画是新兴的装饰画画种,它以一些实物作为装裱内容,如以中国传统刀币、玉器或瓷器装裱起来的装饰画受到一些人的欢迎;印刷品装饰画则是装饰画市场的主打产品,是由出版商从画家的作品中选出优秀的作品,限量出版的画作,但目前盗版装饰画就像盗版盘一样冲击着正版装饰画市场。

2.盗版装饰画充斥市场

老百姓都愿意买物美价廉的商品,但对于装饰画来讲,价廉并不能物美,尤其是一些盗版装饰画,为了降低制作成本,制作工艺及材料粗糙,这样的画买回家后,过不了一个季度甚至有的几天就会出现画页脱落、开裂等质量问题,而盗版画的售后服务几乎不可能保证。在京城坚持做正版装饰画的公司每年都能从国外的出版商那里拿到许多优秀的作品,但现在国内居然有人把从国外进口的装饰画翻印后又卖到了国外,引起国外一些出版商的不满。据介绍,目前出现一些欧美等一些出版商拒绝把一些好的画作供应中国市场,这样下去,难免会造成在中国市场上很难看到一流的作品了。

3.与装饰风格搭配

区别正版与盗版装饰画,首先在外观上,盗版画制作大多不精良,画框的边角多采用简单的直角工艺,且砍价幅度极大。正版装饰画供应商都会在画框后面标有商标,并提供设计服务及售后服务。家中的装饰画讲究的就是它的装饰效果,有条件的消费者,最好请专业的设计师上门服务,根据不同的房间、环境、家具,以及其他一些装饰品进行总体规划。比如现代古典主义的装饰风格,就要选内容取自古典故事或人物的画页,画框制作华丽,尺寸一般比较大,与华丽厚重的家具配合看起来就很谐调,这类画一般适合豪华公寓或别墅;现代欧式的装饰风格,较适合年轻一代,要选清淡的风景或现代抽象为内容的画作,制作要简洁明快。

目前在北京购买装饰画可有三种途径:高档装饰画可到中粮广场、赛特、燕莎等处;在家居城,像和平里建材经贸大厦、居然之家、东方家园超市等处也可买到不错的作品;另外就是去画廊选画。

致谢

在本套丛书的编辑过程中,我们得到了全国各地室内设计行业中资深设计师的鼎力支持,对于张合、王浩、翟倩、刘月、王海生、张冰、张志强、孙丹、张军毅、梁德明、冯柯、郭艳、云志敏、刘洋等人给予的帮助,借此机会谨向他们表示诚挚的谢意!